水生野生动物科普系列

你好，长江江豚

上册

周晓华　主　　编
高宝燕　执行主编

上册主编：段烨秋

中国农业出版社
北　京

《你好，长江江豚》
编 委 会

《你好，长江江豚》（上册）

感谢李碧武、李佳、万昱对本书的大力支持！

前言

长江是我国第一大河，世界第三大河。它发源于“世界屋脊”——青藏高原的唐古拉山脉的主峰各拉丹冬大冰峰，干流流经青海、西藏、四川、云南、重庆、湖北、湖南、江西、安徽、江苏、上海等省（自治区、直辖市），于崇明岛以东注入东海。长江全长6 300多公里，是孕育生命的摇篮，被称为中华民族的“母亲河”。

长江里不少水生生物为世界稀有，甚至是独有，比如长江江豚（简称江豚）。

长江江豚是长江特有物种，目前仅有一千多头，是比大熊猫还要濒危的水生哺乳动物，国家一级重点保护野生动物。

让我们一起走近长江江豚，了解Ta吧！

引子

你好呀！
我是长江江豚，
我生活在长江中下游干流
和两个通江湖泊——
鄱阳湖、洞庭湖里。

我长得圆圆胖胖，身体上粗下细，体色灰暗，皮肤滑亮；

我额部隆起前凸，吻短嘴阔、嘴角上扬，总是微笑的样子。

人们都说我是“微笑天使”。

我不是鱼哦！

我有一双小眼睛，还有一对极小的耳孔，我的鼻孔长在头顶，出水呼吸时张开，潜水时关闭，防止呛水。

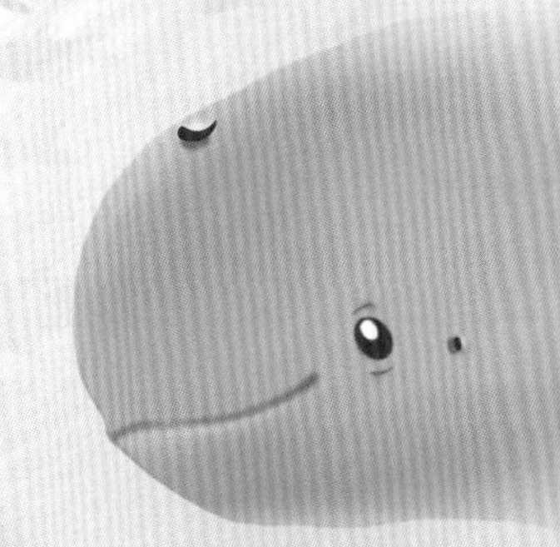

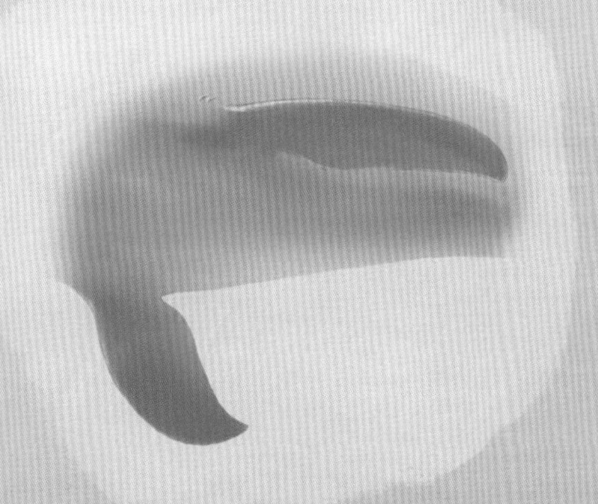

我的“双手”在胸部，长得像船桨，又叫胸鳍。

为了适应水里生活，我的双脚消失了，尾部形成了一个半月形的尾鳍。

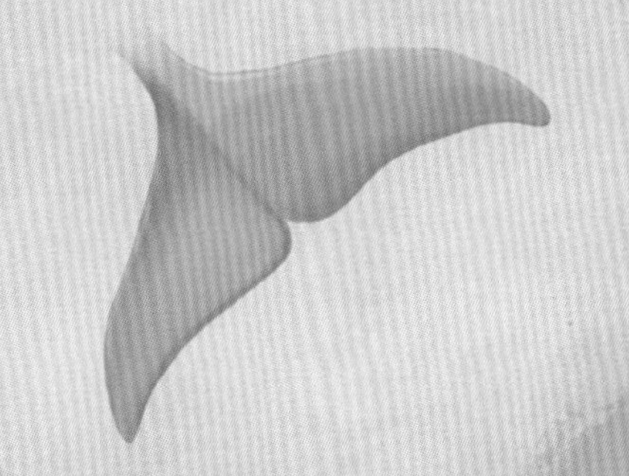

渔民看我样子呆萌，又叫我“江猪子”。虽然生活在水里，可我不是鱼哦！

目录

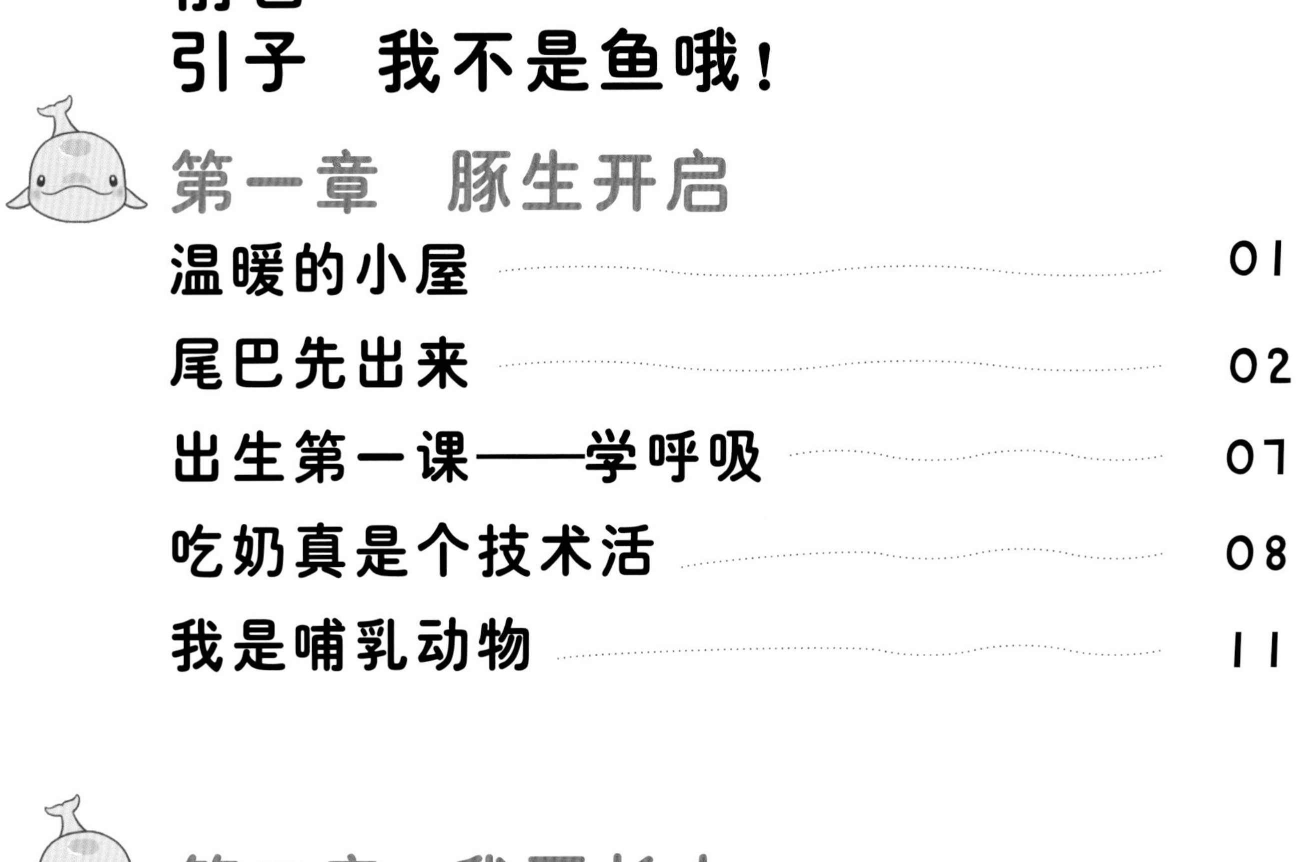

第一章　豚生开启

第二章　我要长大

第三章　长江是我家

第四章　互动游戏

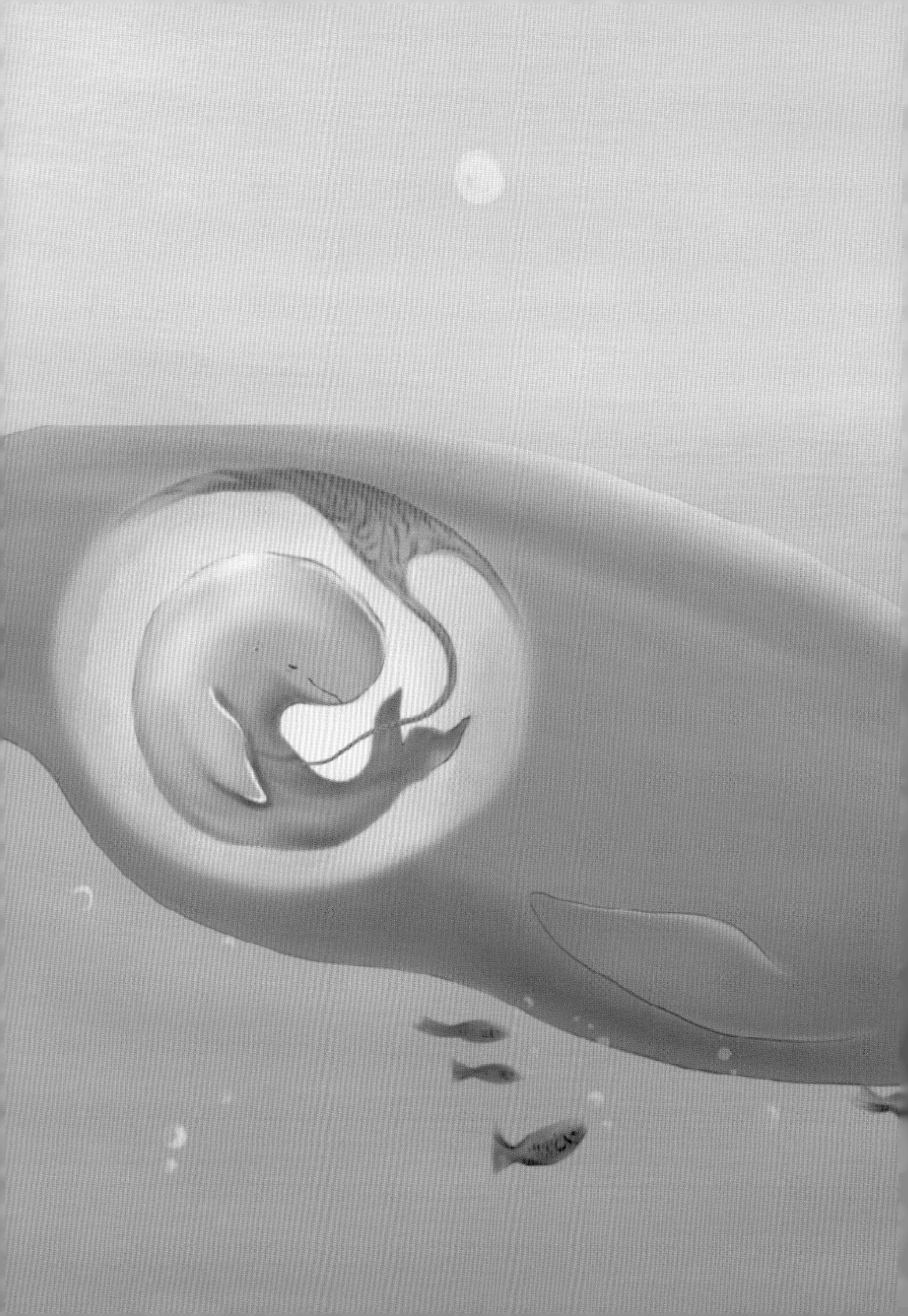

第一章　豚生开启

温暖的小屋

四周朦朦胧胧的、软软的。

“咚——咚——咚——”一个强劲有力、很有节奏感的声音一直陪伴着我，我感到特别踏实。

在这个温暖、舒适的小屋里，我的身体被一根神奇的纽带连接着，成长的养分全靠这条带子提供。

我一天天长大，小屋快装不下我了，我不得不把尾巴蜷缩起来，才能在小屋里待得更舒服些。我在想：我已经住了快12个月了，好想去小屋外面看一看啊！

尾巴先出来

突然，一股强大的力量挤压着小屋，而且力量越来越强烈，我好紧张！

这时，小屋开了一条门缝，渐渐打开成了一扇小小的门，屋外是个怎样的世界？我有点儿害怕，但更多的是期待和喜悦。我缓缓地伸展尾鳍，滑向小门……

哈哈，我的尾鳍先伸出去了。我使劲地摇动着尾鳍，想努力地挤过那扇门。

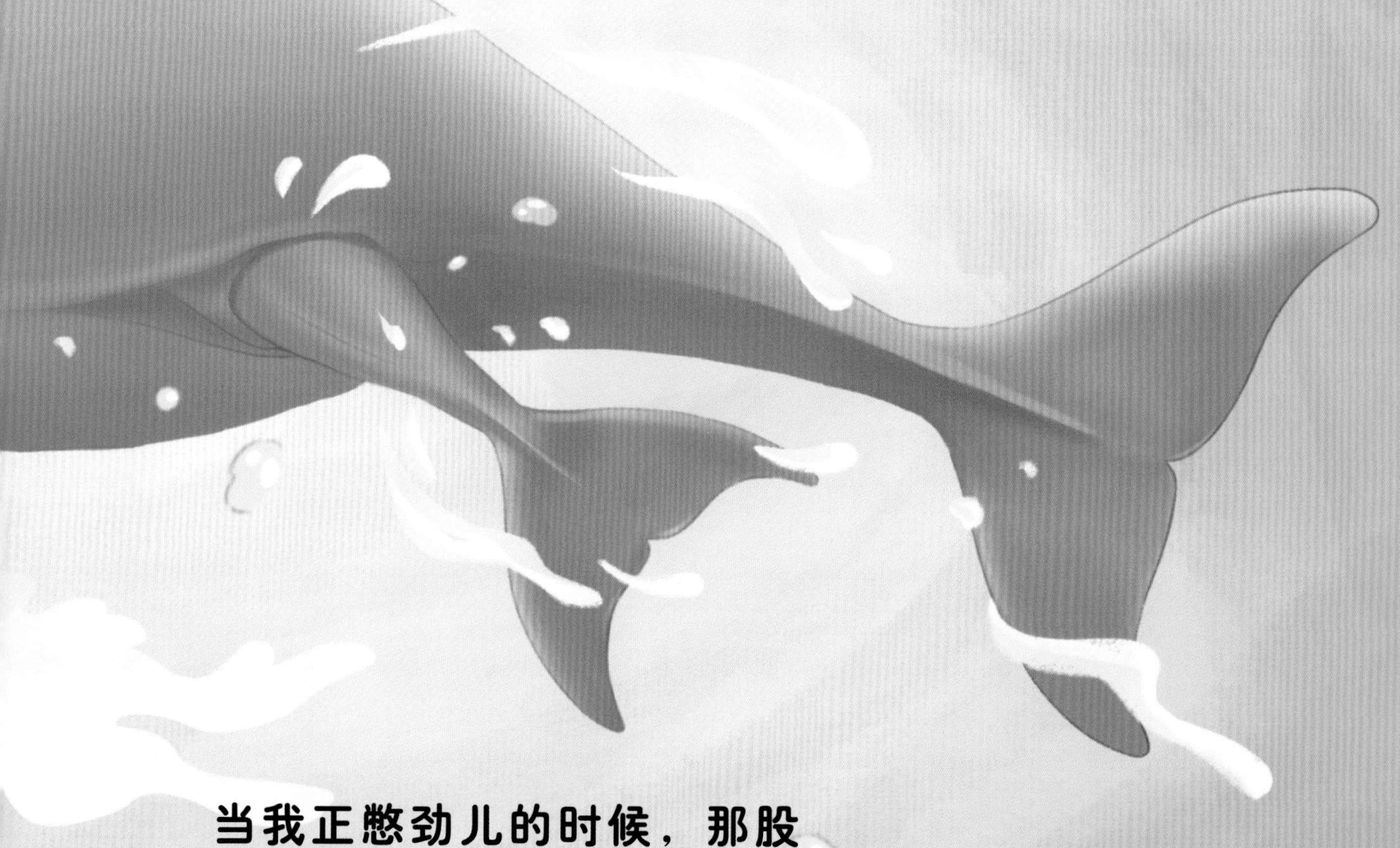

当我正憋劲儿的时候，那股神秘的强大力量又来了，推动着我整个身子滑出了小屋。

哇——我出来啦！

没等我兴奋地喊出声来，迎面一股水流就把我冲得晕头转向。我拼命向前冲，身上的纽带也被牵拉得越来越紧。

纽带的另一端会是谁呢？

我依稀看到一个高大的身影，跟自己长得如此相似。

突然，身上这根带子断了，还没等我弄明白是怎么回事，一团激起的水波朝我拍打过来……

朦胧中，那个高大的身影向我冲来，把我顶出了水面。我终于呼吸到了第一口新鲜空气。啊——舒服极了！

“快，孩子，跟上妈妈！”原来，那个高大身影就是我的妈妈！

“妈妈——”我激动得想大声呼喊。我使劲儿摆动着尾鳍，用力划动着胸前的双鳍。

“嘭——”我跌跌撞撞地，竟撞到妈妈的身体上。

妈妈用身体托浮着我说道：“孩子，看着我，跟我学。”

出生第一课——学呼吸

只见妈妈出水呼吸、入水憋气、再出水呼吸……

在妈妈的陪伴和指导下，我很快就掌握了呼吸的节奏，可以平稳地在水中游弋了。

游累了，我就靠在妈妈像大手一样的鳍肢上或者趴在她宽厚的脊背上休息。看着我顽皮的样子，妈妈说："小伙子，妈妈就叫你江小豚吧。"

吃奶真是个技术活

“咕咕咕……”我的肚子“疯狂”叫了起来。

“江小豚，你饿了吧？妈妈的肚子下面有条裂缝，里面有两个乳头，你去那里喝奶吧。”妈妈说完，放慢游速，让我能跟上。

在妈妈的肚皮下面，我用嘴磨蹭着、试探着、寻找着……啊，我终于找到了藏在纵沟里的乳头。

我把舌头卷成筒状包裹住乳头使劲儿吸了一口，一股甜香的液体顿时流进我瘪瘪的肚子。

　　可是只吮吸了几口，妈妈就要带着我浮出水面呼吸。吃奶被打扰让我多少有点儿懊恼。

我是哺乳动物

“我们江豚和人类一样，都是胎生哺乳类动物，要用肺呼吸。所以，在水下待了十几秒最长几十秒后，我们一定要浮出水面呼吸换气。”妈妈笑着说，“江小豚，别心急，换好了气，我们可以继续吃奶啦！”

“我明白了，妈妈。”只要能吃到妈妈香甜的乳汁，哪怕一天这样折腾几十次我也不嫌累。

第二章　我要长大

尴尬的蜕皮期

转眼间，我出生满一周了。

妈妈一直陪伴着我。

妈妈有圆圆的脑袋，光滑的铅灰色皮肤，一对划水的鳍肢和一条宽大的尾巴，还有一双永远充满爱意的眼睛。我特别高兴，因为我百分百地复制了妈妈美丽的模样！

我发现一大块、一大块的死皮从我的身上陆陆续续飘落下来，露出里面颜色略浅的柔嫩的新皮，浑身斑驳。那副样子真是有点儿不好看，与微笑天使的样貌有天壤之别。

看到我错愕的表情，妈妈说：“这是出生后正常的蜕皮，过个3~5天就好了。不管你是什么样子，都是妈妈的心肝宝贝！”

魔法乳汁

我一日多餐，妈妈的乳汁充满了丰富的营养。我才刚刚满百天，身体就超过妈妈体长的一半了，真是魔法乳汁呀！

咦？妈妈吃的居然跟我不一样。我好奇地问："妈妈，你吃的是什么？"

“是小鱼。”妈妈边吃边说。

“我们江豚家族以小型鱼类为主食，偶尔也吃虾类、甲壳类等小动物。”

“我也想吃。”我好想知道小鱼是什么味道。

“你现在还太小，肠胃可能消化不了。等你长到4个月大后慢慢断奶，妈妈再给你吃。”妈妈接着说，“记住，我们江豚是吞食小鱼的，可不能贪吃大鱼，那会卡在我们的喉咙里的。”

江豚爱吃的食物

餐条

餐条性格活泼，喜欢群聚在一起，5—6月在长江产卵，产卵时有逆水跳滩习性。一般体长10~14厘米。

刀鲚（jì）

刀鲚平时生活在海里，2—3月由海入江进行生殖洄游。刀鲚体色鲜艳，体形狭长侧薄，颇似尖刀。一般体长18~25厘米。

凤鲚

凤鲚大多生活于长江沿岸浅水区或近海，平时分散活动不集群，个头较小，身体银白色，体长15厘米左右。

大银鱼

大银鱼体小细长，是银鱼科大银鱼属中个体最大的一种鱼类，通体呈半透明状，银白而发亮。

我要断奶了

我半岁了。

最近这段日子，在妈妈的引导下，我学会了很多新泳姿——

看，我的身体不停地旋转、跳跃、点头、喷水，然后突然转向。

瞧，我露出一叶鳍侧身划水、左右摇摆、从空中划过。

瞅，我身体弯曲，全部身体跃出水面……

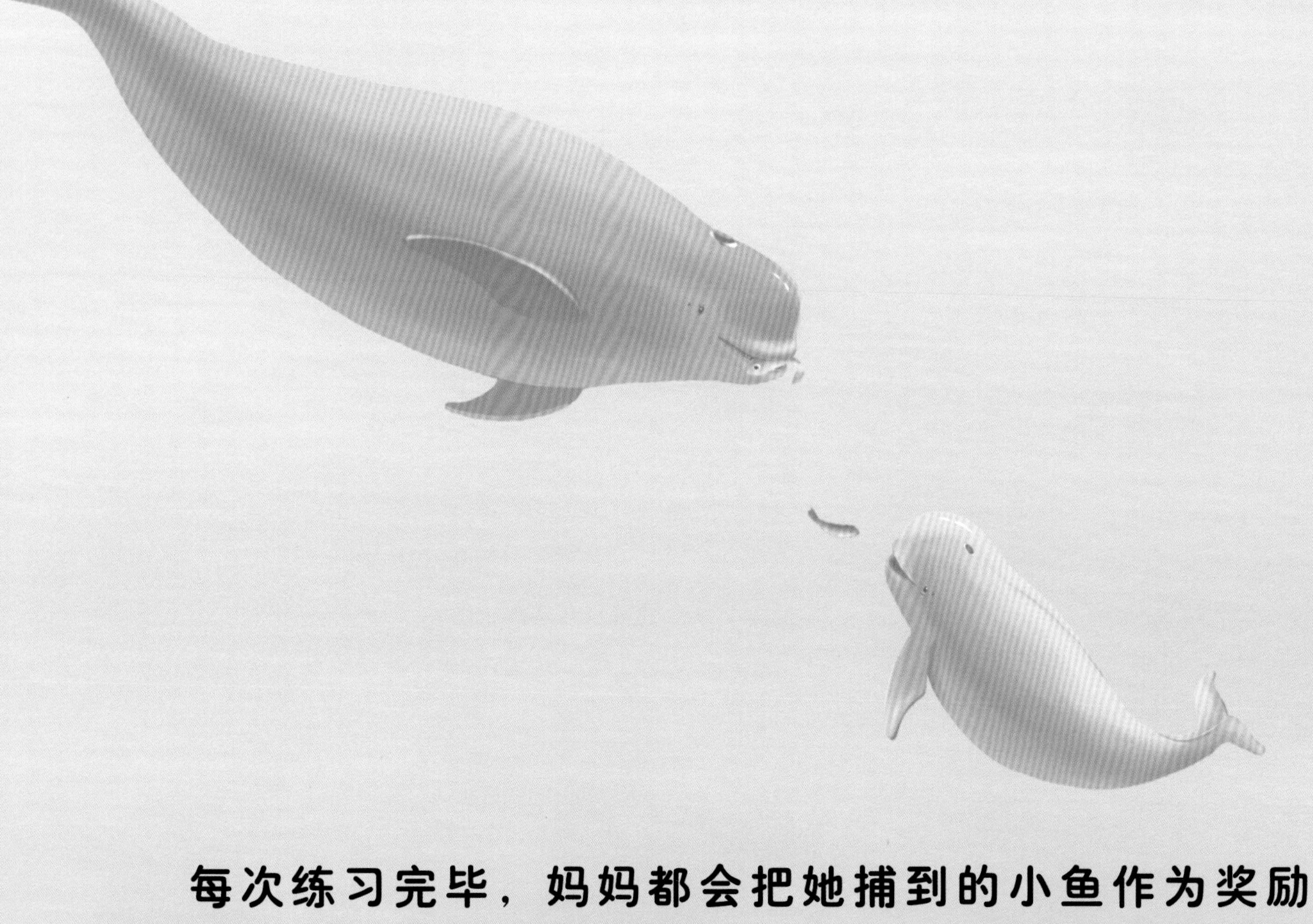

每次练习完毕，妈妈都会把她捕到的小鱼作为奖励送给我吃。现在，只喝妈妈的乳汁已经不能满足我的生长需求了。所以妈妈的奶我喝得越来越少，而小鱼加餐却越来越多了。

你看，妈妈把小鱼吐到我身边，还没等小鱼惊慌地游开，我就一口吞下了这顿美餐。哈哈！我吃鱼就是这么快速。

我的牙齿

其实，我的口里已经长满了排列整齐、尖尖的小牙齿，但是我从不用牙齿去咀嚼，而是在瞄准小鱼之后，用牙齿迅速把它咬住，然后送进喉咙里直接吞掉。是的，我们的牙齿是用来固定食物的。

小鱼实在是太好吃了！我爱妈妈，未来我要把自己捕到的第一条鱼送给妈妈吃。

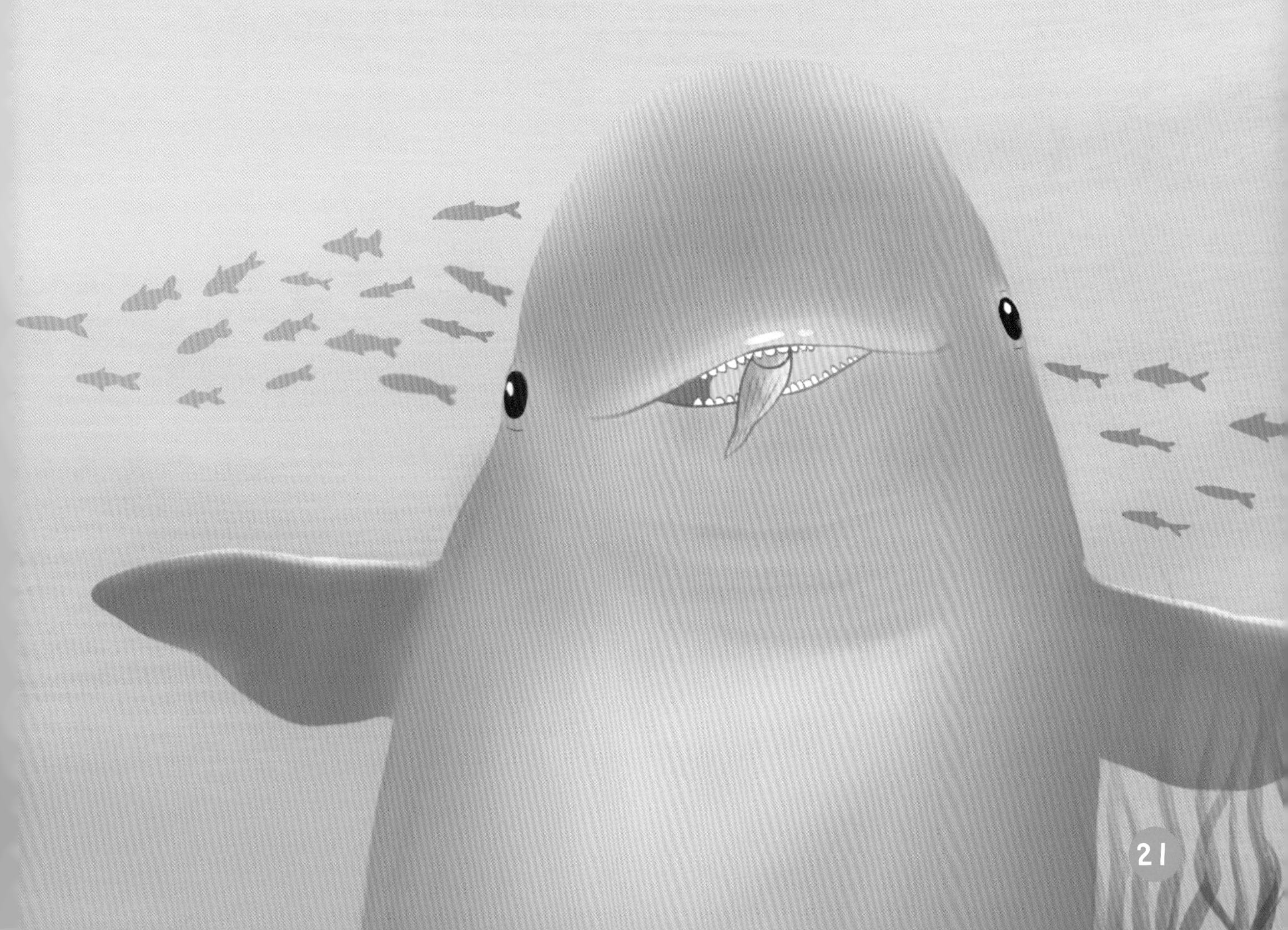

特殊本领

“妈妈，我现在闭着眼睛都能抓住小鱼！”我骄傲地对妈妈说。

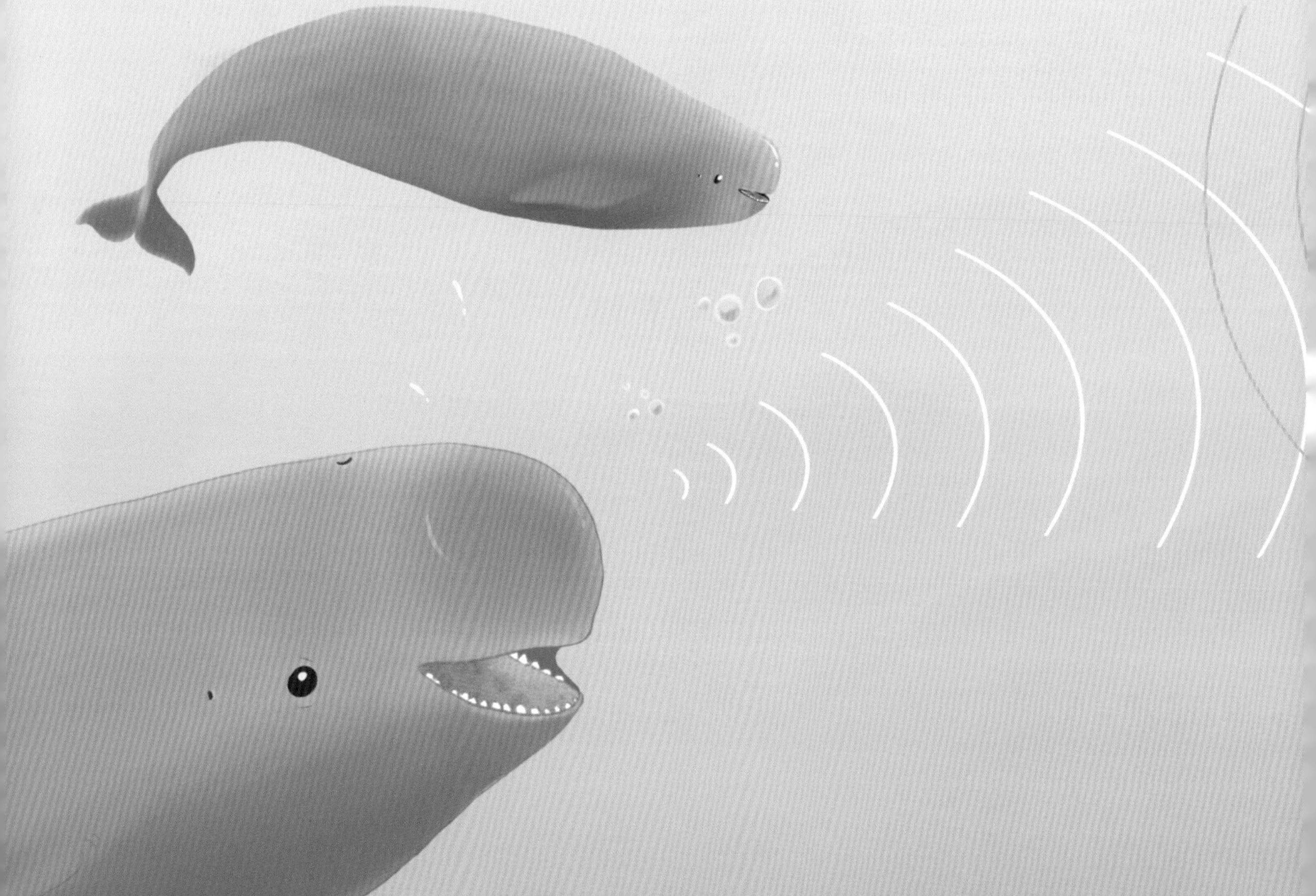

“没错，这是我们江豚独特的本领。江豚的视力不好，但是听力很棒。当我们发出声波时，声波遇到周边的物体会反射回来，我们就能判断出周围物体的位置了。这种特殊的本领叫作回声定位。”妈妈耐心地给我讲解。

虽然我还不太懂这里面的道理，但是早已领教了它的神奇——回声定位能让我立刻判断出前方小鱼的大小、离我远近等情况，这样，我就可以立刻找准目标饱餐一顿了。

江豚怎么睡觉？

我很好奇地问妈妈："我们每天就这样游啊游，不停下来睡个觉吗？"

妈妈夸我是个喜欢思考问题的豚宝。

妈妈笑着说："我们睡觉的方式和其他动物不同呢，一般人看不出来，我们江豚是左右大脑半球交替休息的，左脑半球控制游泳、右脑半球休息，右脑半球控制游泳、左脑半球休息。"

真牛啊！我们江豚从生下来就一直游、一直游…… 一游就是一辈子！

第三章　长江是我家

我的故乡

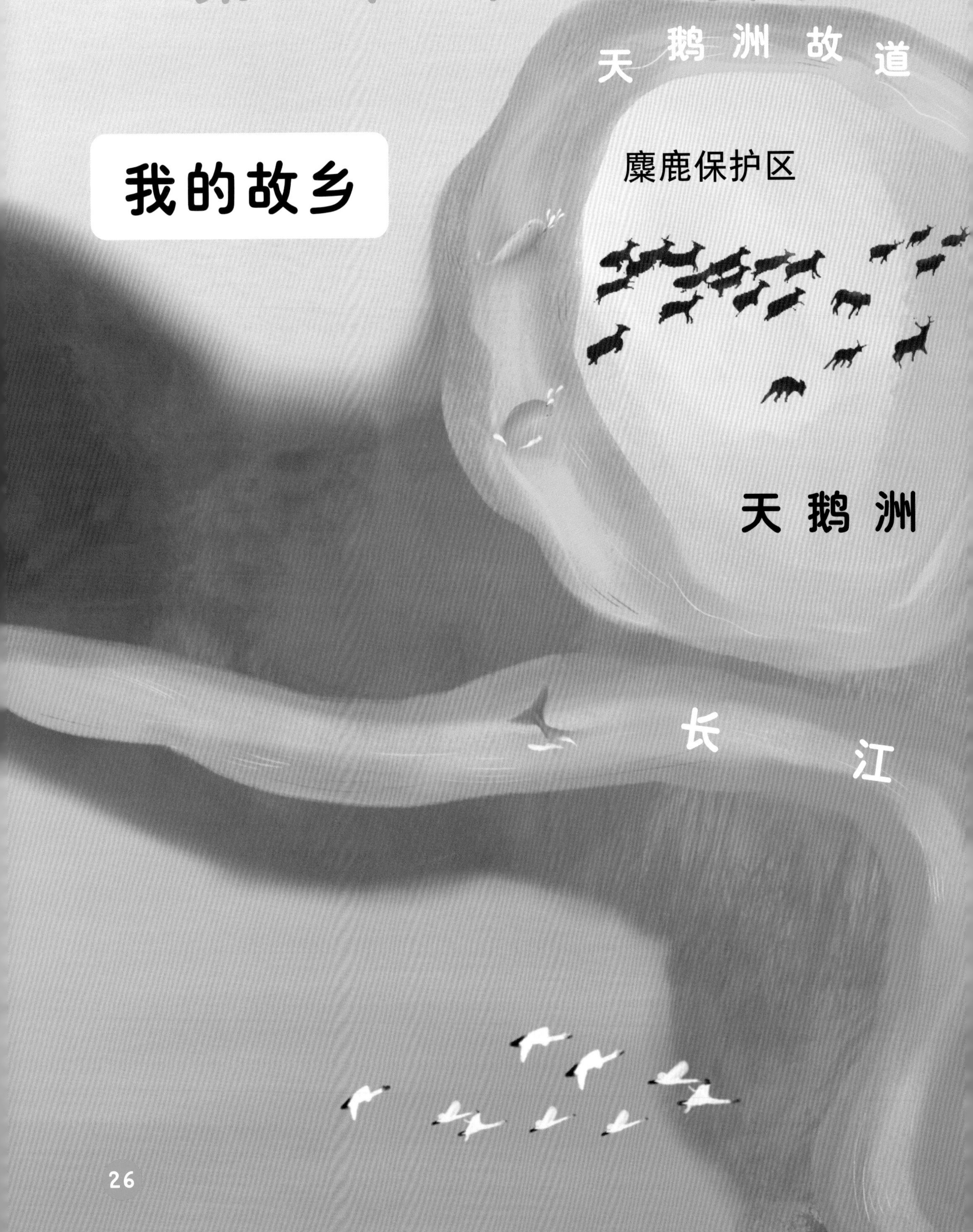

天鹅洲故道

麋鹿保护区

天鹅洲

长江

“妈妈，你想什么呢？”看到妈妈凝神思索、沉默不语，我问道。

“我在想念我们的老家——长江。”

“我们现在住的地方叫天鹅洲故道，是人类为了保护我们建立的一个封闭型的迁地保护区，我们江豚是生活在长江中的。”

天鹅洲

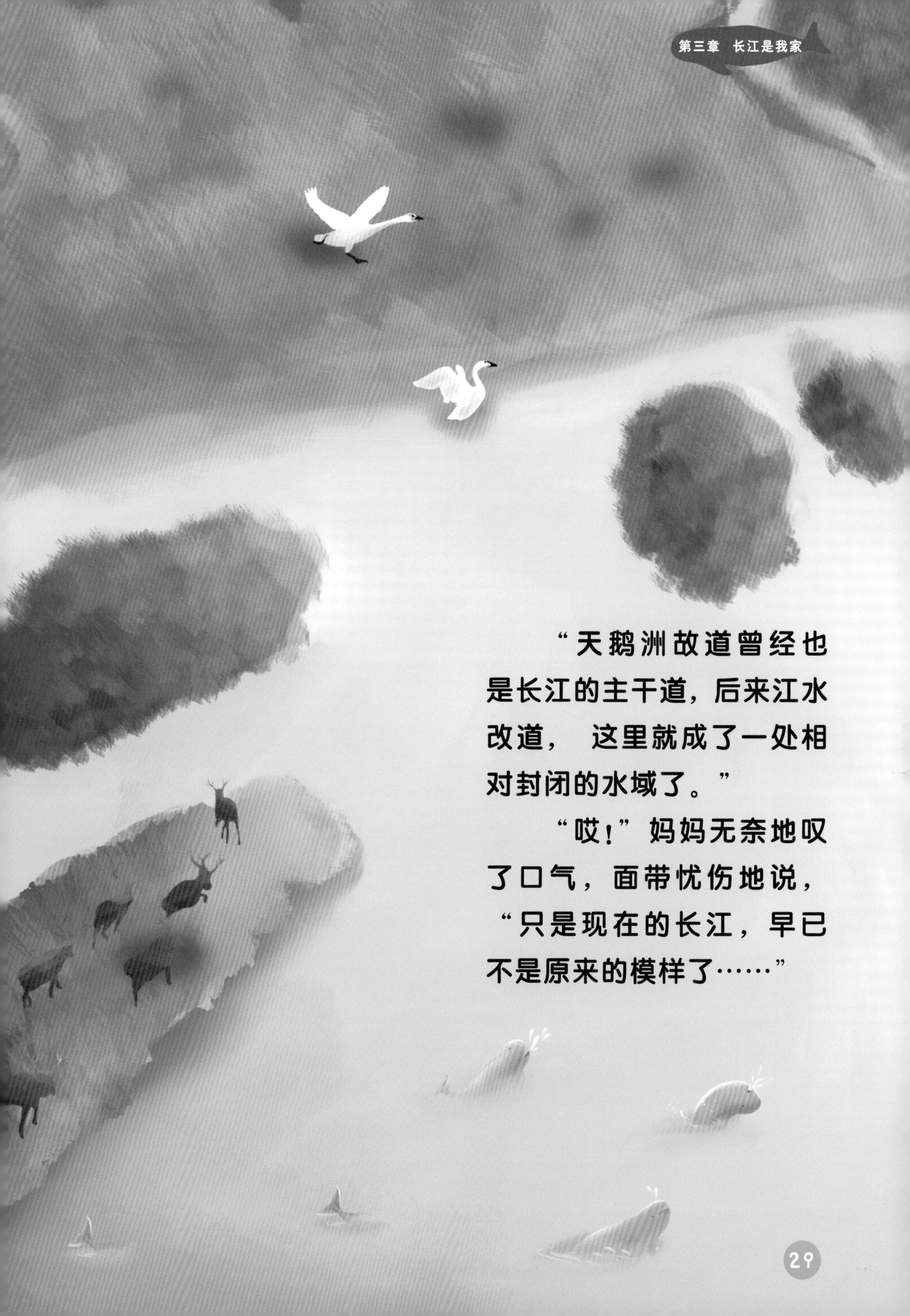

“天鹅洲故道曾经也是长江的主干道，后来江水改道，这里就成了一处相对封闭的水域了。”

“哎！”妈妈无奈地叹了口气，面带忧伤地说，“只是现在的长江，早已不是原来的模样了……”

妈妈说：“在5 000万年以前，我们江豚家族的祖先巴基斯坦古鲸是在陆地上生活的，它体长1~2米。”

第一次听妈妈提到这么有意思的地方，我心中充满了对长江的向往和期待，游上前追问：“妈妈，长江那么美好，我好想去看看。”

最初鲸类的祖先也是有四条腿，生活在陆地上，可能是海洋中食物丰富，慢慢地在进化过程中，四肢退化成鳍。

陆地

后来啊，我们的先辈游进了长江，发现那儿食物充沛，便长期驻扎了下来。

经过一代又一代繁衍，我们江豚家族完全适应了长江流域的淡水环境。

长江

渴望长大

“爸爸？我的爸爸在哪里？”

“爸爸在鄱阳湖的江豚湾，妈妈也是在那里出生的。我们江豚家族在每年的春季和秋季都会举办情人节，年轻的小伙子和姑娘们相聚在一起嬉戏玩耍、谈情说爱。我和你爸爸就是在那里认识并相爱的，后来就有了你。”说到这儿，妈妈的脸上露出了幸福的模样。

“那爸爸为什么不跟我们生活在一起呀？”我不解地问。

“我是因为受伤，被人类救护送到天鹅洲故道来的，来的时候就怀上了你。”妈妈接着说，“在江豚家族，江豚宝宝一般都是由妈妈哺育、陪伴长大。”

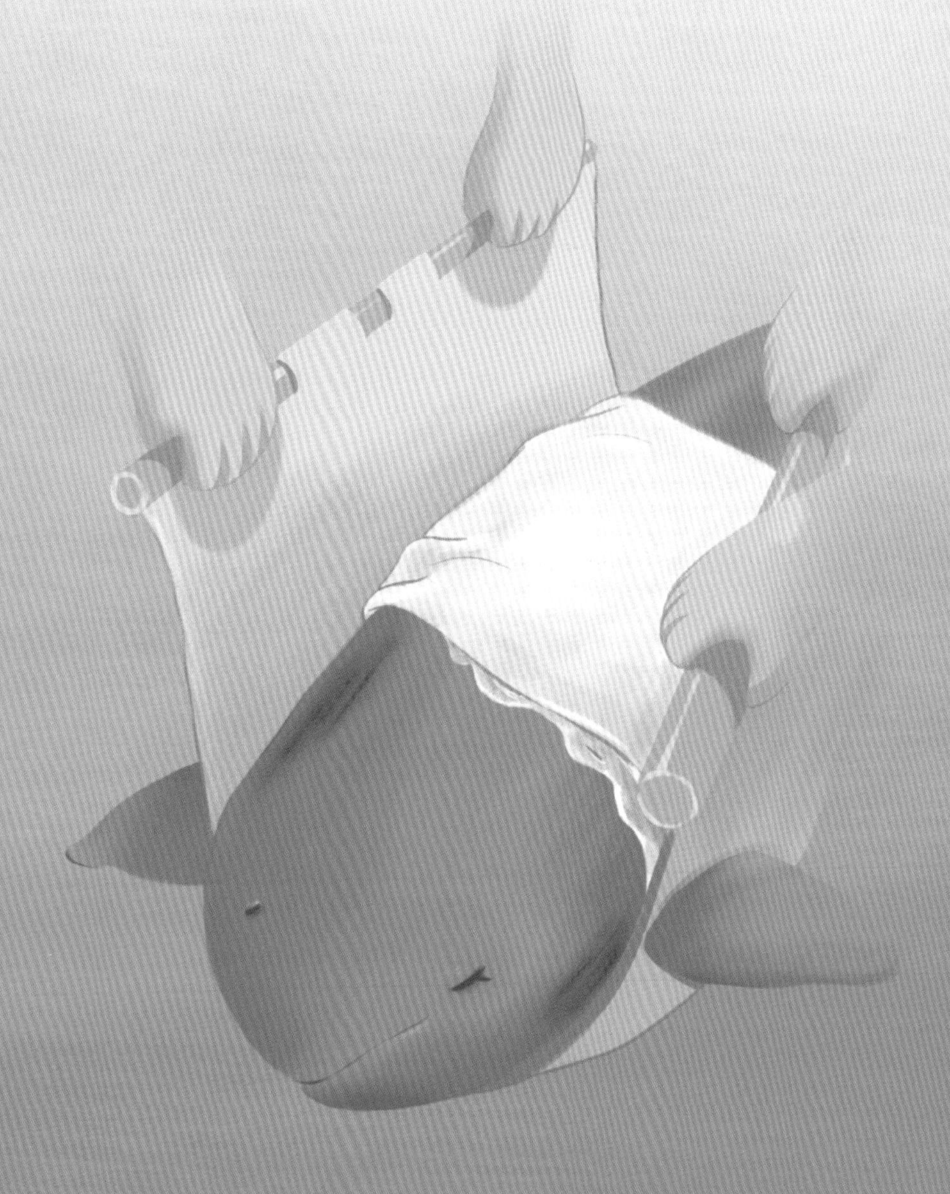

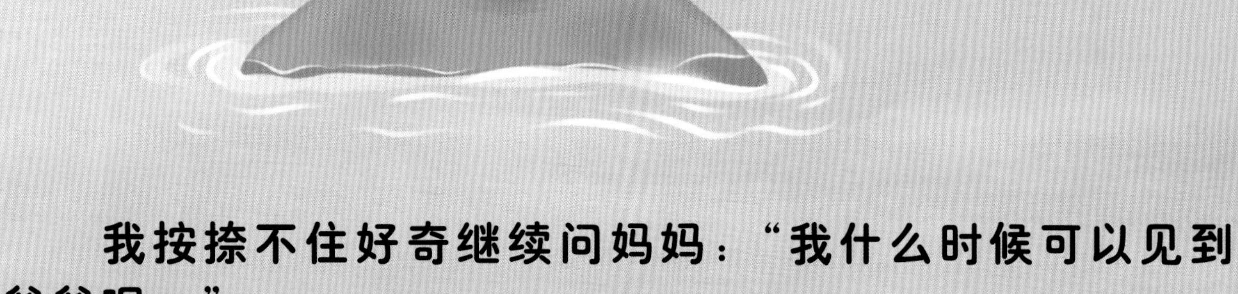

我按捺不住好奇继续问妈妈："我什么时候可以见到爸爸呢？"

妈妈用期待的眼神看着我说："江小豚，等你再大点儿，妈妈就带你回江豚湾。到那时，你不仅会见到爸爸，还会见到更多的小伙伴呢！等你长到4岁成年后，还可以像爸爸妈妈一样去繁衍自己的后代。"

啊！真想快点见到长江，真想早点儿见到爸爸。

我暗暗地对自己说："快快长大吧，江小豚。"

长江江豚

长江江豚（Yangtze finless porpoise），属于脊索动物门哺乳纲鲸目鼠海豚科江豚属，寿命为25～30岁，成年体长1.5～1.8米。江豚每次出水呼吸时间仅为0.2～0.5秒，潜水时间通常是10～20秒，有时也可达1～2分钟。

2013年世界自然保护联盟（IUCN）将长江江豚由濒危物种调整为极危物种。

2021年，长江江豚由国家二级保护野生动物调整为国家一级保护野生动物。

IUCN濒危物种红色名录等级图

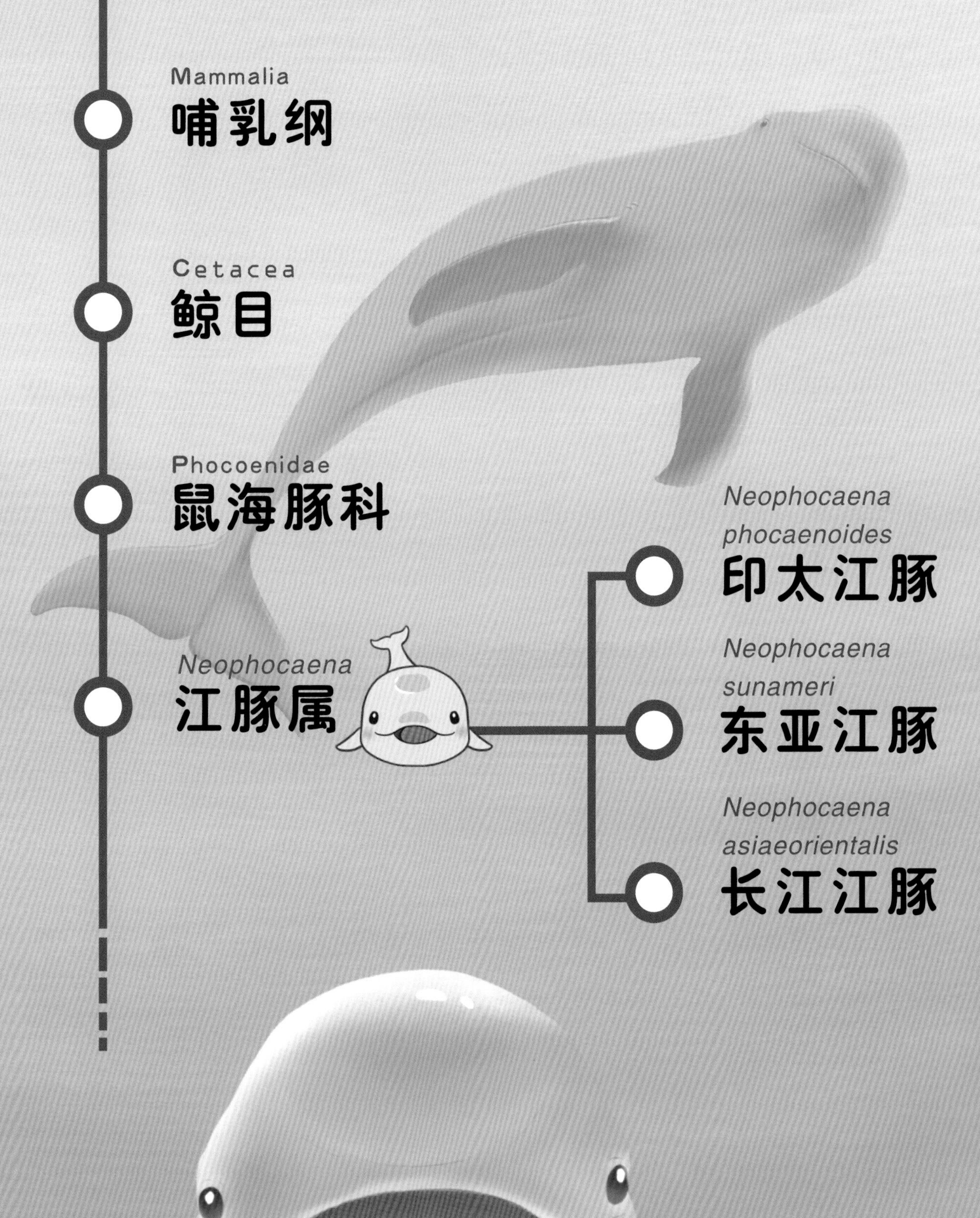
Mammalia
哺乳纲
Cetacea
鲸目
Phocoenidae
鼠海豚科
Neophocaena
江豚属
Neophocaena phocaenoides
印太江豚
Neophocaena sunameri
东亚江豚
Neophocaena asiaeorientalis
长江江豚

知识超市 2

你分得清吗？

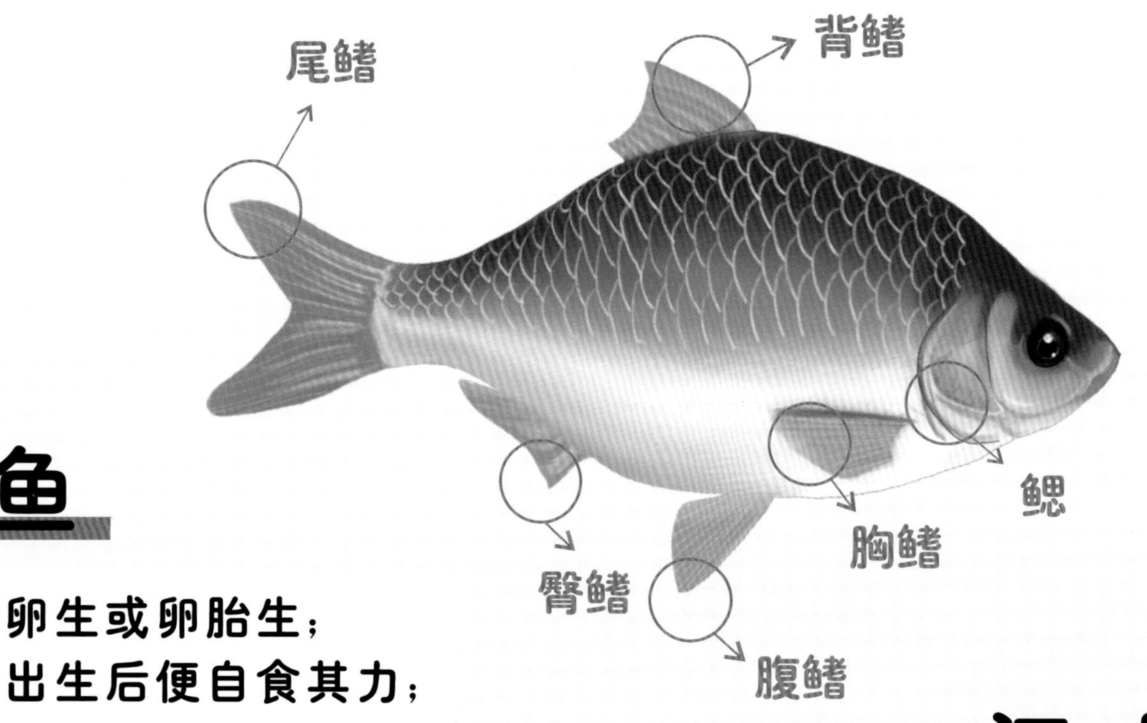

鱼

卵生或卵胎生；
出生后便自食其力；
用鳃呼吸；
变温动物。

江豚

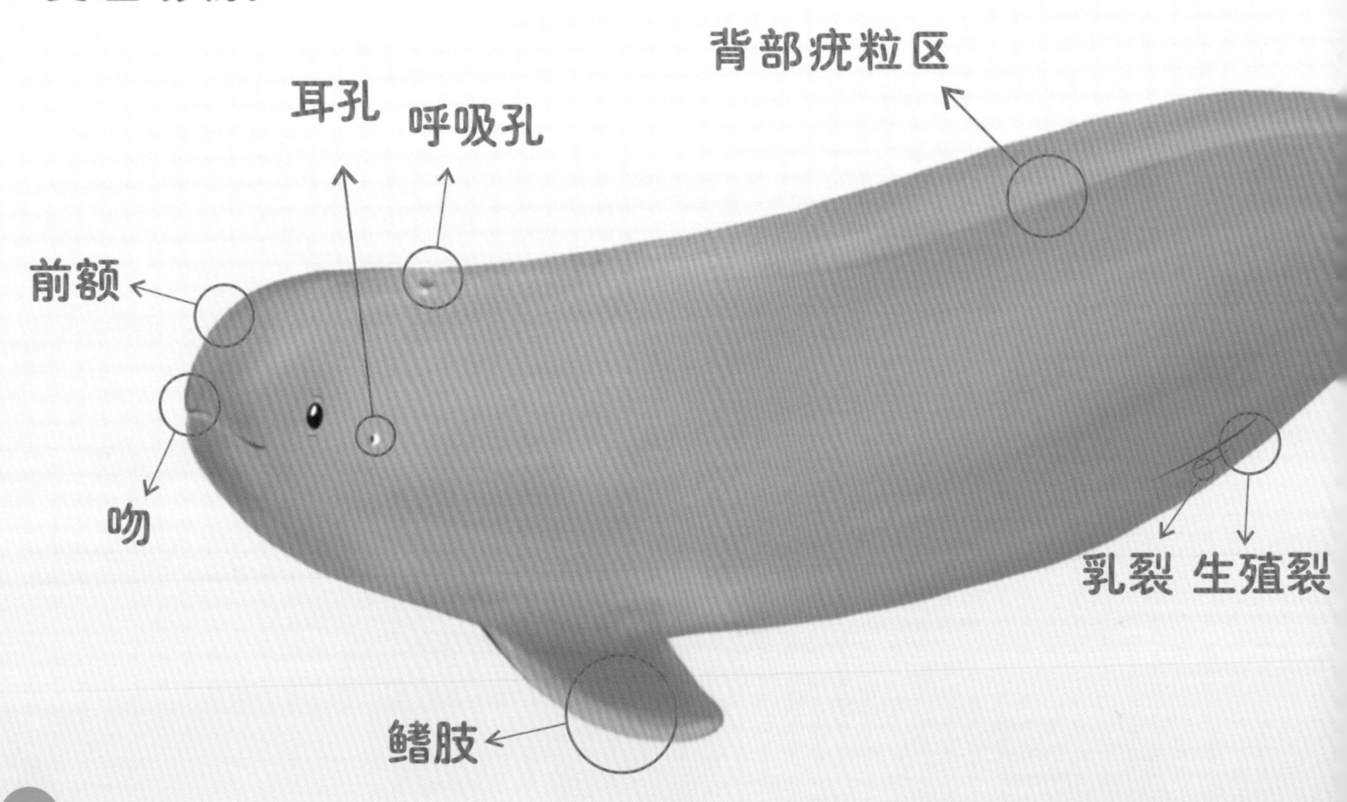

海 豚

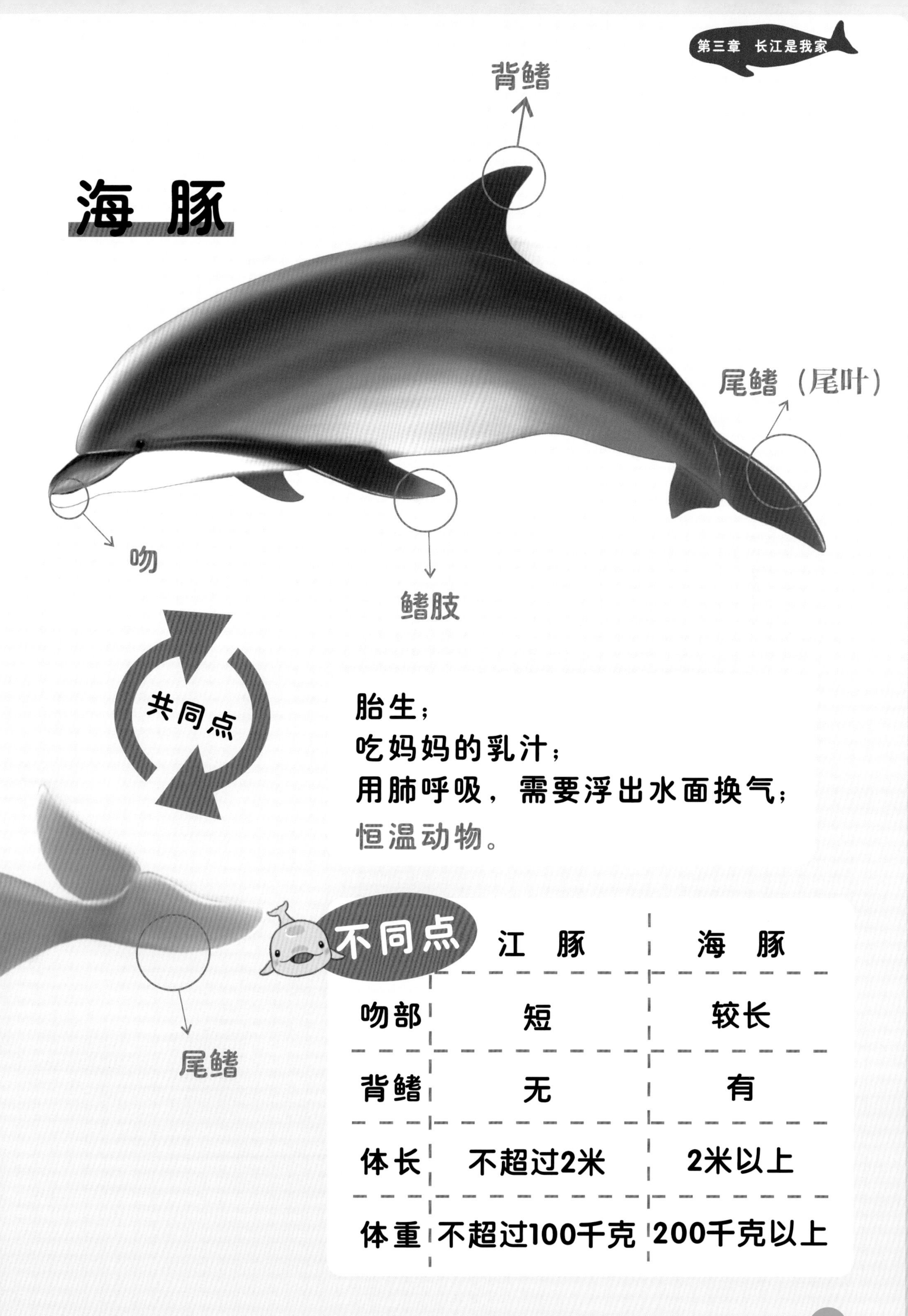

胎生；
吃妈妈的乳汁；
用肺呼吸，需要浮出水面换气；
恒温动物。

不同点

	江 豚	海 豚
吻部	短	较长
背鳍	无	有
体长	不超过2米	2米以上
体重	不超过100千克	200千克以上

第四章　互动游戏

学画江豚

一起学画可爱的江豚吧！

1 勾出江豚的头部曲线。

2 给江豚加上身体和尾巴。

3 不要忘记给江豚加上胸鳍哦！

4 添加水草等元素可以使画面更加丰富。

5 用身边的彩笔给江豚涂上颜色，可爱的江豚就画好啦！

江豚模仿秀

小朋友们，你记住江豚了吗？它潇洒的泳姿和捉捕小鱼的可爱样子是不是让你忍不住想去模仿？那就让我们来一场江豚模仿秀吧！

约上小伙伴或者和爸爸妈妈一起模仿江豚游泳、吐泡泡、出水换气和捉小鱼的样子，比一比谁是超级江豚模仿秀的获胜者。

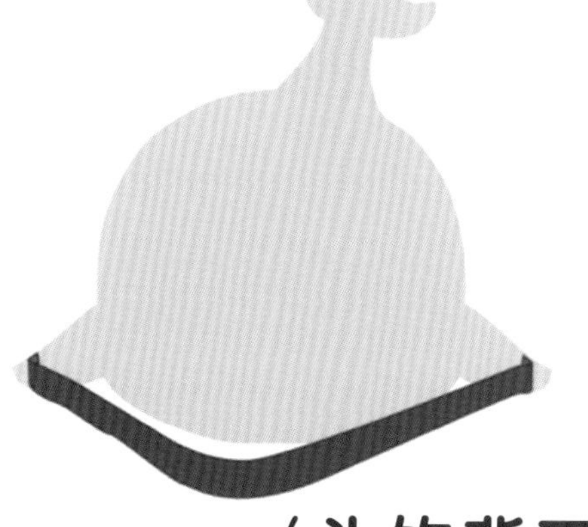

（头饰背面）

剪下江豚卡通图案，用带子连接江豚双鳍肢，自制的江豚头饰就做好了。

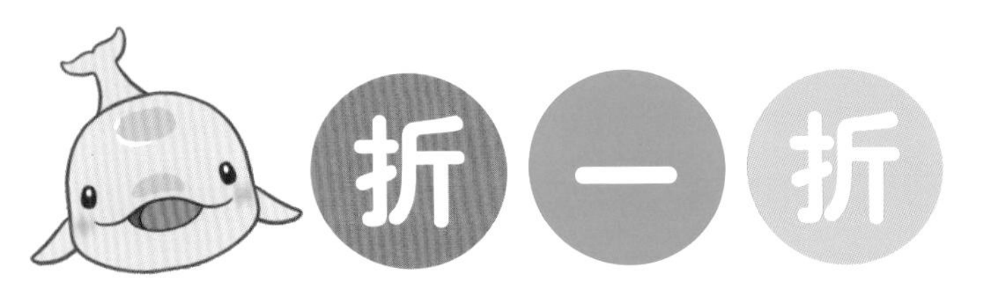

江豚趣味折纸

准备一张漂亮的卡纸，照着右边的图样剪出江豚的身子、胸鳍和尾鳍。然后用胶水把白色区域部分依次粘在一起，这样一只活泼可爱的江豚就出现在你面前了。

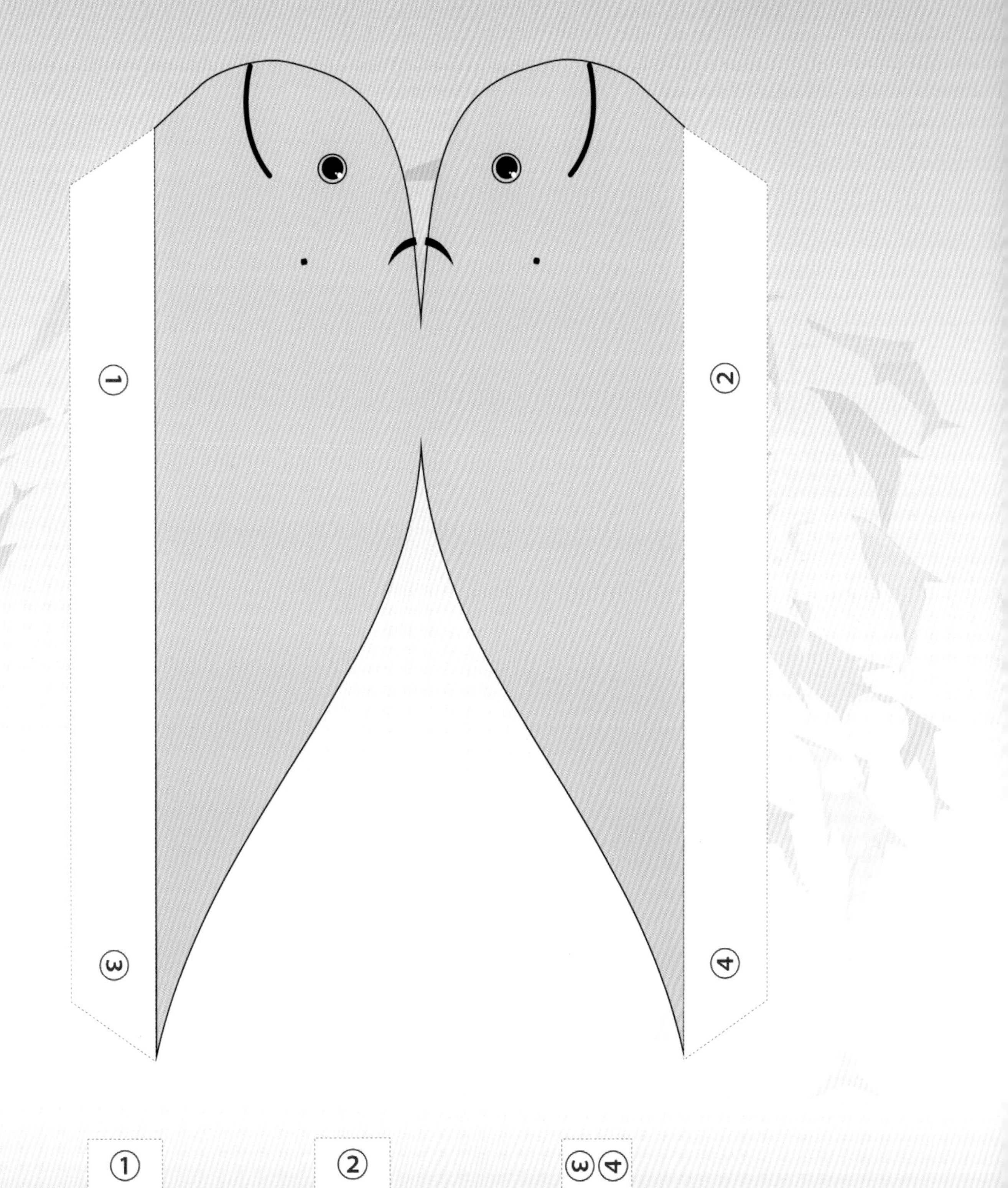

①

②

③④

江豚诗

宜昌
荆州
监利
石首
岳阳
洞庭湖

江豚诗

【宋】孔武仲

黑者江豚，白者白鬐。
状异名殊，同宅大水。
渊有群鱼，掠以肥已。
是谓小害，顾有可喜。
大川夷平，缟素不起。
两两出没，矜其颊嘴。
若俯若仰，若跃若跪。
舟人相语，惊澜将作。
亟入湾浦，踣墙布笮。
俄顷风至，簸山摇岳。
浪如车轮，氛雾相薄。
舟人燕安，如在城郭。
先事而告，昭哉尔功。

鳄啖牛马，头象鼍龙。
暴殄天物，安得尔同。
于人无害，所欲易充。
暴露形体，告人以忠。
又多膏油，以助汝工。
江湖下贫，机杼以农。
乌鹊知风，商羊识雨。
大厦之下，风雨何苦。
岂知舟航，方在积险。
以尔占天，蓍蔡之验。
古之报祭，不遗微虫。
孰扬尔烈，登荐蜡宫。
世不尔好，复惟尔恶。
我作此歌，为昭其故。

图书在版编目 (CIP) 数据

你好，长江江豚 / 周晓华主编；高宝燕执行主编.
—北京：中国农业出版社，2023.10
ISBN 978-7-109-31141-1

Ⅰ.①你… Ⅱ.①周… ②高… Ⅲ.①长江流域－水生动物－动物保护－青少年读物 Ⅳ.①Q958.8-49

中国国家版本馆CIP数据核字 (2023) 第180508号

你好，长江江豚
NIHAO，CHANGJIANG JIANGTUN

中国农业出版社出版
地址：北京市朝阳区麦子店街18号楼
邮编：100125
责任编辑：杨晓改　李文文
责任校对：吴丽婷
印刷：北京通州皇家印刷厂
版次：2023年10月第1版
印次：2023年10月北京第1次印刷
发行：新华书店北京发行所
开本：880 mm×1230 mm 1/16
总印张：11
总字数：250 千字
总定价：180.00 元（共3册）